P.M.S. Hallika
Swadesh Kumar Singh
M Pavani

Estudo da distribuição de espessuras na conformação a quente de ligas de alumínio

P.M.S. Hallika
Swadesh Kumar Singh
M Pavani

Estudo da distribuição de espessuras na conformação a quente de ligas de alumínio

utilizando a simulação de elementos finitos

ScienciaScripts

Cover image: www.ingimage.com

This book is a translation from the original published under ISBN 978-620-6-74049-0.

Publisher:
Sciencia Scripts
is a trademark of
Dodo Books Indian Ocean Ltd. and OmniScriptum S.R.L publishing group

120 High Road, East Finchley, London, N2 9ED, United Kingdom
Str. Armeneasca 28/1, office 1, Chisinau MD-2012, Republic of Moldova, Europe
Printed at: see last page
ISBN: 978-620-7-73645-4

Conteúdo

RECONHECIMENTO

Expressamos a nossa sincera gratidão ao nosso orientador, **Dr. Swadesh Kumar Singh, Professor,** pelo seu encorajamento e orientação constantes, sem os quais este projeto nunca teria êxito. Agradecemos também ao **Dr. K.G.K.Murti, Professor, Chefe do Departamento,** por ter aceite o nosso projeto. Agradecemos sinceramente ao **Dr. P.S.V.Kurma Rao** pelas suas valiosas sugestões. Estamos gratos à nossa amiga Kameshwari N pelo seu apoio contínuo.

Expressamos a nossa gratidão a todos aqueles que, direta ou indiretamente, nos ajudaram a realizar este projeto.

Pindiprolu Mani Saraswathi Hallika (08241A0378)

Manda Pavani (08241A0386)

RESUMO

O alumínio, embora muito dúctil, tem uma formabilidade muito fraca, o que limita a sua utilização na maioria das aplicações industriais que requerem enformação, por exemplo, na indústria automóvel. Nos últimos anos, tem havido um esforço para aumentar a temperatura do material antes e durante a conformação. O método dos elementos finitos tem sido amplamente utilizado em operações de enformação para otimizar diversas variáveis do processo, a fim de produzir peças sem defeitos. Geralmente, em qualquer operação, consome-se muito tempo no método de tentativa e erro e há grandes probabilidades de as ferramentas terem de ser redesenhadas sempre que os produtos desejados não são obtidos. Assim, este método de tentativa e erro envolve muita experiência e perda de tempo valioso. Para ultrapassar este problema, foi introduzida a modelação do processo por simulação informática, designada por Método dos Elementos Finitos (MEF), que estimula o processo real, poupando assim tempo e dinheiro. No projeto proposto, o modelo FEM será construído em LS-DYNA e, após a simulação do processo, os resultados serão comparados com os experimentais.

CAPÍTULO-1

INTRODUÇÃO

Na estampagem profunda convencional, é utilizada uma folha de metal para formar componentes cilíndricos. Neste processo, uma placa plana é restringida enquanto a porção central da folha é pressionada na abertura da matriz para desenhar o metal na forma desejada sem dobrar os cantos. A força necessária no punção para produzir um copo é a soma da força necessária na deformação, da força de fricção e da força de engomar. Quando a força de punção na estampagem profunda de metais dúcteis aumenta para além de um certo limite, ocorre uma falha na parede do copo devido ao estiramento por tração, que geralmente ocorre na transição entre o raio do perfil do punção e a região cilíndrica do punção. A capacidade de estiragem de uma chapa metálica pode ser estimada quantitativamente através da relação de estiragem limite (LDR), que é definida como a relação entre o diâmetro máximo inicial da peça em bruto que pode ser estirada com sucesso e o diâmetro do copo extraído da peça em bruto (aproximadamente igual ao diâmetro do punção). Para um determinado material, o rácio de extração limite (LDR) representa a maior peça em bruto que pode ser extraída através de uma matriz sem rasgar devido ao afinamento da parede do copo. A capacidade de estiragem (valor LDR) de um metal depende da capacidade do material na região do flange de fluir facilmente no plano da chapa sob cisalhamento e da capacidade do material da parede lateral de resistir à deformação na direção da espessura. As limitações da estampagem profunda convencional são

1. Não é possível obter um rácio de tração limite muito elevado. Mesmo para materiais como o EDD é de cerca de 2,3 e para ligas de alumínio é normalmente de 1,8.
2. Os cantos muito afiados do punção e do molde conduzem à fratura.
3. O elevado atrito entre a matriz e a folha limita o LDR e aumenta a força de punção necessária para a estiragem.
4. O acabamento superficial do componente obtido é geralmente de baixa qualidade devido ao atrito entre a chapa e o punção e entre a matriz e a chapa.

CAPÍTULO 2

FORMAÇÃO TÉRMICA

O processo de estampagem profunda de metais de elevada resistência / baixa maleabilidade tem uma extensa área de aplicação industrial; a estampagem profunda à temperatura ambiente apresenta sérias dificuldades devido à grande quantidade de deformações reveladas e às elevadas tensões de escoamento dos materiais [1]. As temperaturas elevadas diminuem as tensões de escoamento, aliviam as tensões residuais e aumentam a formabilidade dos materiais, facilitando assim as deformações. O mecanismo básico efetivo na prensagem é a deformação plástica. Por este motivo, a temperatura de deformação tem de ser determinada tendo em consideração este ponto. As vantagens do método de conformação de chapa metálica a quente são as seguintes

1. Podem formar-se metais que não podem formar-se à temperatura ambiente.
2. Desta forma, torna-se possível o fabrico de produtos leves e de elevada resistência.
3. Premir força a diminuição.
4. A probabilidade de formação de defeitos na superfície do produto diminui.

Foi sugerido por Lee et al. [2], utilizando diagramas de limites de formabilidade em simulações, que o efeito da taxa de deformação na conformação de chapas de liga de Mg deve ser considerado para prever os padrões de deformação, bem como as previsões de falha. Recentemente foi revelado que o material tem algum nível de formabilidade a temperaturas quentes. Os investigadores verificaram que o aumento da ductilidade com temperaturas elevadas foi acompanhado por uma diminuição da tensão de escoamento e por um aumento da sensibilidade da taxa de deformação.

Agnew et al., [3] investigaram que a resistência à tração em 90^0 em relação à direção de laminagem é superior a 0^0 em todas as temperaturas. Mas nas investigações do autor [4-8] para o aço EDD (extra deep drawing), verificou-se que a resistência à tração depende da impureza ou do material da liga. O autor explica que, no regime de fragilidade azul, há um aumento das propriedades de resistência do material, como K (coeficiente de resistência), n (expoente de endurecimento por trabalho), resistência ao escoamento, etc., e, nesta região, a resistência em 90^0 a RD é inferior a 0^0 a RD. Do mesmo modo, verificou-se uma variação no valor do índice de sensibilidade com o aumento da temperatura e o seu valor diminui a cerca de 400^0 C devido ao aparecimento do fenómeno de fragilidade azul no material [8]. Também foi investigado que existe uma melhoria na formabilidade do aço EDD ao aumentar a temperatura de trabalho, principalmente devido à diminuição das tensões de escoamento [5, 6].

Foram analisadas as operações de conformação de duas formas, uma taça redonda e uma panela retangular. A curva carga-curso, a distribuição da espessura e a distribuição da temperatura na chapa obtidas em experiências [9, 10] foram comparadas com os resultados da simulação de EF para várias temperaturas de conformação. O coeficiente de atrito utilizado nas simulações foi obtido a partir do ensaio de tração de tiras realizado por Droder [11] e assumiu-se que não variava localmente com a temperatura e a pressão da interface. Observa-se na pesquisa bibliográfica que foi feito um trabalho limitado na área da conformação de chapas metálicas a quente em ensaios de estampagem profunda, especialmente na simulação da conformação a quente, sobretudo no que diz respeito aos materiais leves que são frequentemente utilizados no sector automóvel.

Bolt et al. [1] aplicaram o MEF acoplado para simular o processo de conformação de chapas a quente de ligas de alumínio utilizando o código comercial MARC. Concluíram que, em comparação com as experiências, os resultados da simulação numérica subestimaram a carga do punção em função do curso. No seu estudo, os códigos comerciais DEFORM 2D e 3D, acoplados termo-elástico-visco-plástico, foram utilizados para analisar a conformação a quente de ligas de magnésio. Lee et al., [2] investigaram a conformabilidade a quente de uma liga comercial de Mg-Al-Zn. A relação entre a taxa de deformação e a formabilidade foi utilizada para prever a falha ocorrida na estampagem profunda de copo quadrado. As tensões de escoamento medidas entre 2000 C e 4000 C foram utilizadas na análise FEM para a estiragem em copo quadrado. Toros et al [12] investigaram ligas de alumínio-magnésio (Al-Mg) (série 5000). Observaram que a formabilidade e a qualidade da superfície do produto final destas ligas não são boas se o processamento for efectuado à temperatura ambiente. Após os testes em condições quentes, a formabilidade destas ligas é aumentada a uma temperatura entre 200 e 300 °C e obtém-se uma melhor qualidade da superfície do produto final.

Li et al, [13] investigaram que, à medida que a temperatura de conformação aumenta sob uma dada geometria de ferramenta, os valores do coeficiente de resistência (K) e do expoente de endurecimento (n) das ligas de alumínio geralmente diminuem e o comportamento de três ligas de chapa de alumínio, Al 5182+1% Mn, Al 5754 e Al 6111-T4, é estudado sob conformação a quente na gama de temperaturas de 200-400 °C e na gama de taxas de deformação de 0,015-1,5 s .015-1,5 s^{-1} . Verificou-se que o alongamento total em tensão uniaxial aumenta com o aumento da temperatura e diminui com o aumento da taxa de deformação. Li et al, [14] investigaram que a formabilidade de todas as três ligas (Al 5754, Al 5182+1%Mn e Al 6111-T4) melhora a temperaturas elevadas, as ligas Al 5754 e Al

5182+Mn endurecidas por deformação mostram uma melhoria consideravelmente maior do que a liga Al 6111-T4 endurecida por precipitação. Lee confirmou, através de resultados de ensaios de tração pós-formação, que a conformação rápida a quente na gama de temperaturas acima mencionada não provoca uma perda significativa do limite de elasticidade. O efeito da temperatura na estiragem da chapa teve um grande efeito na conformabilidade, sendo que a definição da temperatura da matriz ligeiramente superior à temperatura do punção foi favorável para promover a conformabilidade. Patrick et al., [15] investigaram que o processo de conformação a quente tem como objetivo aliviar formas complexas através da utilização de uma temperatura de conformação elevada que é inferior à recristalização.

Cavaliere [16] investigou a conformabilidade a quente e a morno da liga de alumínio 2618, a investigação foi alargada a gamas de temperaturas e taxas de deformação através de ensaios de torção. Verificou-se que a precipitação ocorre durante a deformação. Foi avaliado o efeito da precipitação de partículas de segunda fase, ocorrida durante a deformação, na forma da curva de fluxo e no nível de tensão. Nas temperaturas mais baixas, a precipitação, durante a deformação, resultou num aumento contínuo da tensão de escoamento; em contrapartida, quando a temperatura de ensaio excedeu 2500C, a precipitação e o subsequente engrossamento dos precipitados, durante a deformação, resultou num pico das curvas de escoamento, seguido de amolecimento. Lademo [17] investigou experimental e numericamente duas ligas Al-Zn-Mg e observou a influência da textura e da estrutura do grão na localização da tensão e na formabilidade. As ligas com estrutura de grão recristalizada ou não recristalizada e textura forte ou quase aleatória apresentam uma formabilidade superior. Embora o alumínio comercial IS 737 tenha muitas aplicações industriais, a sua formabilidade é muito fraca à temperatura ambiente. Por isso, na presente investigação, a sua formabilidade foi investigada a temperaturas elevadas e também o atrito entre a peça em bruto e as matrizes foi investigado a várias temperaturas utilizando a abordagem de elementos finitos inversos.

CAPÍTULO-3

MÉTODO DOS ELEMENTOS FINITOS

Tal como referido na secção anterior, o método dos elementos finitos tem sido amplamente utilizado em operações de conformação para otimizar diversas variáveis do processo, de modo a produzir peças sem defeitos. Geralmente, em qualquer operação, consome-se muito tempo no método de tentativa e erro e há grandes probabilidades de as ferramentas terem de ser redesenhadas sempre que os produtos desejados não são obtidos. Assim, este método de tentativa e erro envolve muitas despesas e perda de tempo valioso. Para ultrapassar este problema, foi introduzida a modelação do processo por simulação informática, designada por Método dos Elementos Finitos (MEF), que simula o processo real, poupando assim tempo e dinheiro. Estão disponíveis muitos códigos comerciais para a análise de elementos finitos na conformação de metais, tais como Dynaform, Abacus, Nike 2D, etc.

A análise de elementos finitos é efectuada utilizando um código disponível no mercado, o Dynaform versão 5.6.1, com o solucionador LS-Dyna versão 971, com análise térmica acoplada para estampagem profunda a temperaturas elevadas. O código foi desenvolvido para aplicações como a conformação de chapas metálicas, a resistência ao choque de automóveis, a segurança dos ocupantes e as explosões submarinas. É um pacote de simulação dinâmica não linear que pode simular diferentes tipos de processos de chapa metálica, como estiramento profundo, alongamento, flexão, hidroformação, estampagem, etc., para prever tensões, deformações, distribuição de espessura, etc., e o efeito de vários parâmetros de conceção de ferramentas no produto final pode ser estudado.

Os modelos de entrada, como matriz, peça bruta, suporte da peça bruta e punção, foram construídos no pré-processador utilizando LINE e SURFACE no software. Depois de gerada a superfície, é efectuada uma malha fina na superfície dos componentes da ferramenta e na peça bruta, sendo os nós criados automaticamente. A malha fina é efectuada na peça bruta para obter resultados precisos. Os modelos de entrada discretizados no pré-processador são apresentados na Fig. 1.

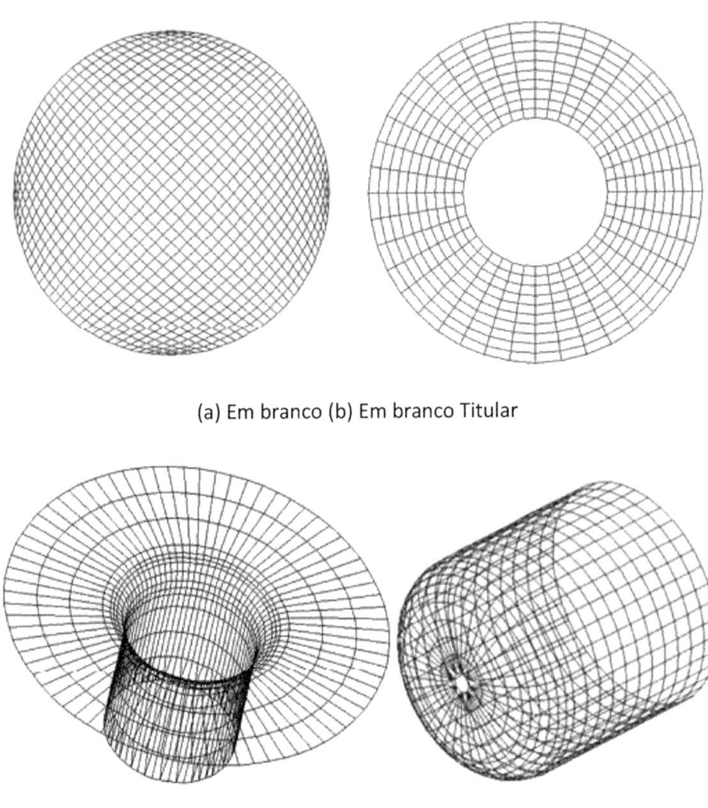

(a) Em branco (b) Em branco Titular

(c) Matriz (d) Punção

Fig. 1: Discretização de diferentes ferramentas e do bloco para análise FEM.

A peça em bruto e os componentes da ferramenta foram entrançados utilizando elementos de casca de Belytschko-Tsay, uma vez que demoram menos tempo de cálculo, cerca de 30-50% menos tempo do que outros (Hallquist, 1998). As propriedades do material, calculadas a 25^0 C e 200^0 C na máquina UTM que está acoplada ao forno, são utilizadas para efetuar a simulação. As propriedades do alumínio que são encontradas a estas temperaturas são apresentadas na Tabela 1. Foram utilizados elementos de casca quadrilateral e triangular com quatro nós e espessura de 1,0 mm para a peça bruta e os componentes da ferramenta foram tratados como corpos rígidos. O bloco foi discretizado em 400 elementos.

O LS-DYNA dispõe de algoritmos de contacto como o método de constrangimento cinemático, o método da penalização e o método do parâmetro distribuído. O princípio básico de funcionamento do método de restrição cinemática e do método de parâmetros distribuídos é que os nós escravos são obrigados a deslizar sobre a superfície principal após o impacto e a permanecer na superfície principal até que se desenvolva uma força de tração entre o nó e a superfície. Neste caso, o nó mestre é o Die e o nó escravo é o Punch. No entanto, o método de penalização utiliza um princípio diferente para evitar a penetração entre os elementos mestre e escravo. Quando a penetração é detectada, o algoritmo coloca molas de interface fictícias entre a penetração e envia os nós de volta para a superfície de contacto. Isto acontece até que a penetração cesse. Neste método, não é necessária qualquer força externa e a energia é conservada. O critério de cedência de Barlat é escolhido como modelo de material na simulação, tanto à temperatura ambiente como a 200^0 C, porque o critério de Barlat incorpora o efeito da anisotropia normal e plana no comportamento de cedência do material e observa-se na Tabela 1 que, a ambas as temperaturas, o material é anisotrópico.

Durante a deformação, a peça em bruto entra em contacto com a matriz e o punção, sofrendo assim uma força de atrito. Na estampagem profunda em condições quentes, o atrito aumenta à medida que a temperatura aumenta, pelo que a lubrificação adequada pode reduzir o atrito até certo ponto. Os investigadores (W.J. Chung 1998, J. Kim 2002, J. Kim 2004, Taylan Altan 2007) referem que a análise explícita pode ser acelerada aumentando a velocidade do processo, por exemplo, aumentando a velocidade do punção na estampagem ou a taxa de pressurização numa operação de conformação hidromecânica, o que se designa por técnica de escalonamento do tempo. Na presente investigação, as simulações foram efectuadas variando a velocidade do punção, mantendo os outros parâmetros iguais.

A força de retenção da peça em bruto e o diâmetro da peça em bruto foram considerados semelhantes aos utilizados nas experiências.

A velocidade do cilindro utilizada na experiência foi de 5 mm/s e, depois de fornecer todas as propriedades do material ao código, tais como UTS, YS, coeficiente de resistência, expoente de endurecimento por deformação e anisotropias em três direcções diferentes, num processador dual core de 2,2 GHz com 4 GB de RAM, uma simulação demorou cerca de 26 horas com um deslocamento do punção de 30 mm e a escrita de 100 estados de traçado. Embora o valor do coeficiente de atrito aumente com o aumento da temperatura, a eficácia do lubrificante utilizado na presente operação de estampagem profunda depende da temperatura. O Molycote é um lubrificante muito eficaz a temperaturas elevadas.

Nas simulações, foram utilizados Diagramas de Limite de Formabilidade para identificar o passo de deformação em que a deformação na chapa atinge uma fase em que as deformações em alguns locais excedem as deformações máximas seguras. Foram efectuadas várias simulações aumentando gradualmente o diâmetro inicial da chapa (o rácio de estiragem). Qualquer aumento adicional do diâmetro do molde mostrou o início do estrangulamento ou da fratura nas regiões do canto do punção. O rácio de tração máximo para o qual todos os pontos de deformação se situam na região de segurança é o rácio de tração limite (LDR). Pode notar-se que, a 200^0 C, há um aumento apreciável do valor do LDR e o seu valor é previsto na simulação de forma muito próxima do valor das experiências

CAPÍTULO-4

EXPERIMENTAÇÕES

As experiências são efectuadas no equipamento de ensaio experimental apresentado na Fig.2. Este equipamento de ensaio foi especialmente concebido para que as operações de estampagem profunda possam ser efectuadas a temperaturas elevadas. Uma vez que os materiais têm tendência para alterar as suas dimensões a temperaturas mais elevadas, foram concebidos e fabricados um molde, um suporte e um punção em Inconel-600. Foram instalados dois conjuntos de fornos numa prensa hidráulica de 20 toneladas. Um aquecedor é utilizado para aquecer a peça em bruto e o outro está ligado à matriz inferior para que a peça em bruto não arrefeça antes do início do desenho efetivo. Existe um fornecimento contínuo de líquido de arrefecimento para os aquecedores da matriz e da peça em bruto.

Fig 2: Forno de indução desenvolvido para extrair os materiais a uma temperatura elevada.

As temperaturas são registadas utilizando um pirómetro. O pirómetro é um instrumento de deteção de temperatura sem contacto. Funciona com base no princípio da captação do comprimento de onda da radiação que é emitida pelo material. Este instrumento pode ser utilizado com precisão para medir as temperaturas porque, ao focar o pirómetro num determinado ponto, a temperatura pode ser obtida nesse ponto e, mesmo que o ponto de focagem seja ligeiramente alterado, haverá variações na temperatura porque, enquanto o molde ou a peça em bruto está a ser aquecido, o aquecimento começa na circunferência e chega lentamente ao centro, pelo que haverá variações na temperatura de ponto para ponto. Aqui, o foco principal da temperatura está no centro da matriz, onde ocorre a deformação. Existe um sistema de aquisição de dados que está ligado à prensa e que obtém os dados como o curso do punção, a carga aplicada na peça em bruto, a pressão de retenção da peça em bruto da prensa e está ligado ao computador onde produz diretamente a saída sob a forma de gráficos entre estas variáveis, ou seja, o gráfico entre a carga e o deslocamento e a pressão de retenção da peça em bruto e o deslocamento.

As peças em bruto são feitas em forma circular utilizando uma máquina de corte e retificação ou uma máquina de torno. A matriz é aquecida e, quando a matriz atinge a temperatura necessária, é aplicado lubrificante para reduzir o atrito a uma temperatura elevada e, em seguida, a peça em bruto é aquecida (uma vez que a peça em bruto aquece muito rapidamente, o aquecimento da peça em bruto é efectuado após o aquecimento da matriz) e, em seguida, é colocada na matriz e a operação de estiragem é realizada. Além disso, o molde inferior foi também aquecido por uma outra bobina de indução à sua volta, de modo a que, quando o molde quente é mantido sobre os moldes, não sofra um choque térmico. A configuração completa utilizada na investigação é mostrada na Fig. 3.

Fig. 3: Equipamento de teste experimental completo

Foram efectuadas investigações preliminares em material de alumínio de grau IS 737, 40800 disponível no mercado. Observou-se que, à temperatura ambiente, este material tem um valor de LDR de 1,85, mas quando foi estirado a 400^0 C numa única fase, observou-se que o LDR era tão elevado como 2,46. Isto indica que, controlando os parâmetros de conceção e de processo na estiragem a quente, o LDR do material, que tem uma formabilidade muito fraca, também pode ser estirado com êxito.

O material de alumínio de grau IS 737, 40800 é muito importante para a indústria automóvel. Existem muitos componentes para automóveis que são produzidos por este método e a enformação a quente/quente diminuirá o número de fases de redesenho no fabrico destes componentes.

CAPÍTULO-5

RESULTADOS E DEBATES

5.1 Capacidade de extração a várias temperaturas:

Conforme discutido nas secções anteriores, o material de alumínio de grau IS 737, 40800 é muito importante para a indústria automóvel. Este material tem uma formabilidade muito fraca, ou seja, à temperatura ambiente, apenas uma peça em bruto de 55,5 mm pode ser estirada com sucesso num copo (LDR = 1,85). Foram feitas peças em bruto circulares numa máquina EDM de corte de fio de diferentes diâmetros e foram estiradas na configuração mostrada na Fig. 3. Os dados relativos à carga e ao deslocamento do punção foram registados para os copos estirados a 200^0 C e 400^0 C. A Fig. 4 mostra os copos estirados à temperatura ambiente. A Fig. 5 mostra os copos de diferentes diâmetros estirados a 200^0 C e a Fig. 6 mostra os copos de diâmetro variável estirados a 400 $C.^0$

Fig 4: Copos estirados da liga Al IS 737 à temperatura ambiente

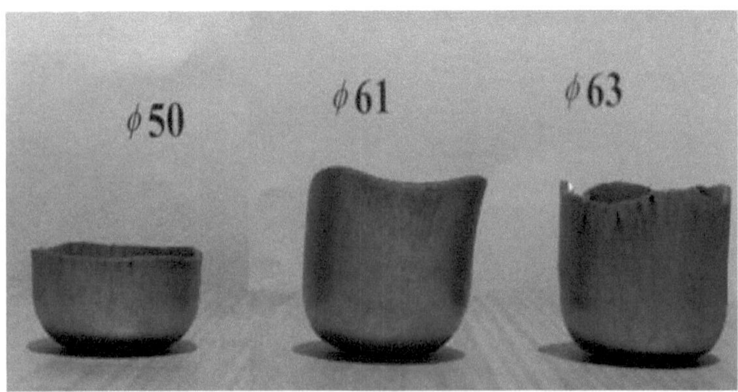

Fig 5: Copos estirados da liga Al IS 737 a 200°C

Fig 6: Copos estirados da liga Al IS 737 a 3500C

As Figuras 7-10 mostram diferentes gráficos de carga de punção Vs deslocamento. Pode observar-se a partir destes gráficos que, à medida que a temperatura da peça em bruto durante a deformação aumenta, há uma diminuição da carga necessária. Como se pode ver nas Fig. 7 e 8, para estiramento de uma peça em bruto de 59 mm à temperatura ambiente são necessários cerca de 3,6 KN de carga, mas para estiramento da peça em bruto com o mesmo diâmetro a 200^0 C são necessários apenas 2,6 KN de carga e uma peça em bruto com 73 mm de diâmetro pode ser estirada com êxito a 400^0 C e a carga parece ser a mesma que a do estiramento à temperatura ambiente de uma peça em bruto de 59 mm. Este facto deve-se à diminuição das tensões de escoamento do material a temperaturas elevadas. Como foi investigado por Singh et.al [6], o aumento da temperatura do material não só diminui a tensão de escoamento do material, à qual o material pode ser deformado, como também aumenta a ductilidade do material, havendo uma gama em que o material pode ser estirado com segurança.

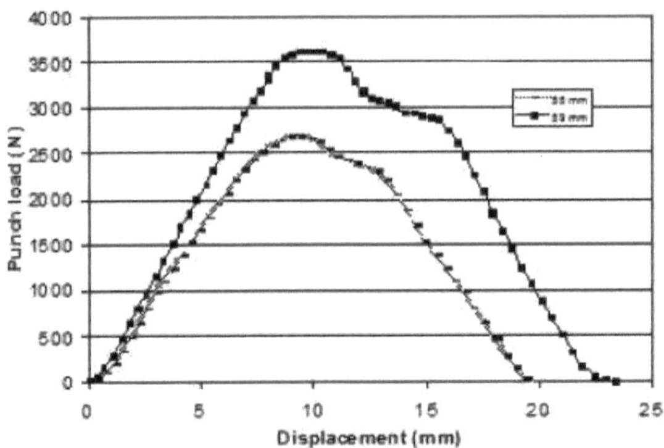

Fig 7: Diagrama de carga de perfuração Vs deslocamento de Al à temperatura ambiente

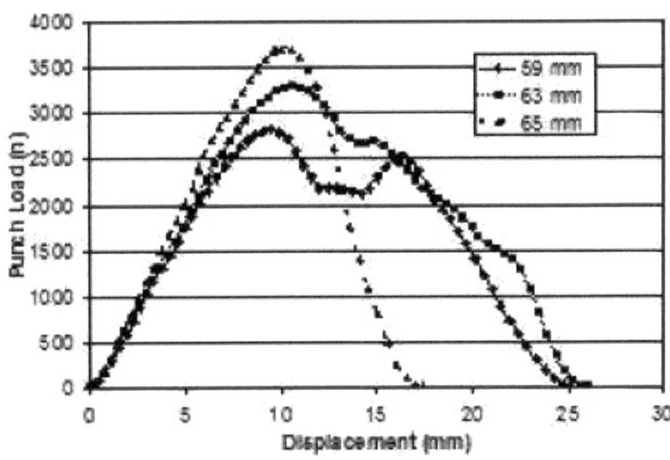

Fig 8: Diagrama de carga de perfuração Vs deslocamento de Al a 2000C

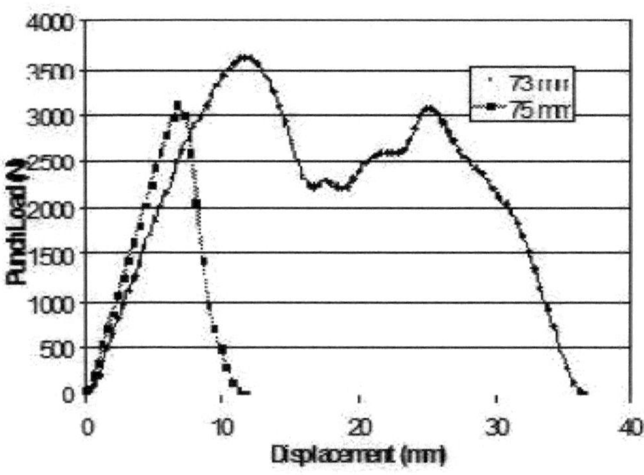

Fig 9: Diagrama de carga de perfuração Vs deslocamento de Al a 3500C

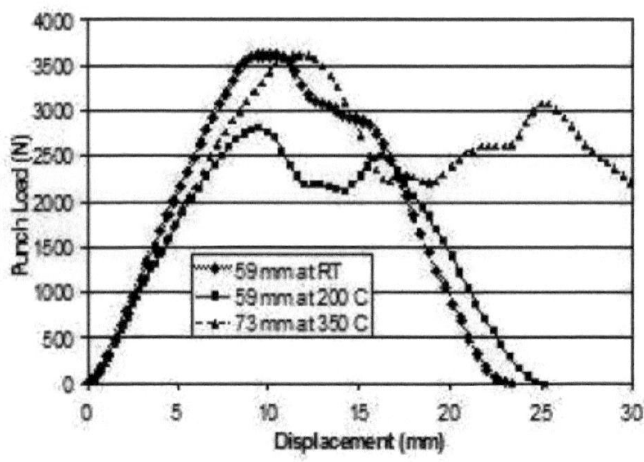

Fig 10 Comparação dos gráficos Carga Vs Deslocamento a diferentes temperaturas

Pode ser observado nas curvas de deslocamento de carga que, a uma determinada temperatura, há um declínio acentuado nos valores de carga. Isto representa uma fratura. Assim, tal como representado na Fig. 8, a fratura aparece a 75 mm de diâmetro, pelo que o LDR a 350^0 C é de 2,46, o que é muito elevado para este material. O LDR observado a 200^0 C foi de 2,1. Existem muitos componentes para automóveis que são produzidos por este método e a enformação a quente/quente diminuirá o número de fases de redesenho no fabrico destes componentes.

5.2 Pré-processamento e propriedades do material:

No estiramento profundo, o atrito mais severo ocorre na área do flange. A lubrificação na área da flange influencia o afinamento e, possivelmente, a falha da parede lateral do copo estirado. É utilizado um código de elementos finitos explícito LS-DYNA para simular o processo à temperatura ambiente e em condições de calor. O LS-DYNA 2D é um pacote de simulação dinâmica não linear que pode simular diferentes tipos de processos de chapa metálica, tais como estiramento profundo, alongamento, flexão, hidroformação, etc., para prever as tensões, deformações, distribuição da espessura, etc., e pode ser estudado o efeito de vários parâmetros de conceção das ferramentas no produto final. Os modelos de entrada foram construídos no pré-processador (DYNAFORM 5.6.1). As propriedades relevantes do aço EDD encontradas à temperatura ambiente e a 200^0 C são apresentadas na Tabela 1. Foram utilizados elementos de casca quadrilateral e triangular com quatro nós e espessura de 1,0 mm para a peça bruta e os componentes da ferramenta foram tratados como corpos rígidos. A peça bruta foi discretizada em 400 elementos. O ficheiro do pré-processador da ferramenta completa é apresentado na Fig. 11

A caraterização do material foi efectuada para identificar as propriedades do material. Estas propriedades são introduzidas como condições de fronteira na simulação. A Tabela 1 apresenta as propriedades do Al à temperatura ambiente, 200^0 C e 350^0 C. Pode observar-se que, à medida que a temperatura aumenta, Ys e UTS do material diminuem e, quando a temperatura atinge 350^0 C, a percentagem de alongamento aumenta subitamente. Para além desta temperatura, o Al deforma-se como um fluxo superplástico. A composição do material é apresentada na Tabela 2.

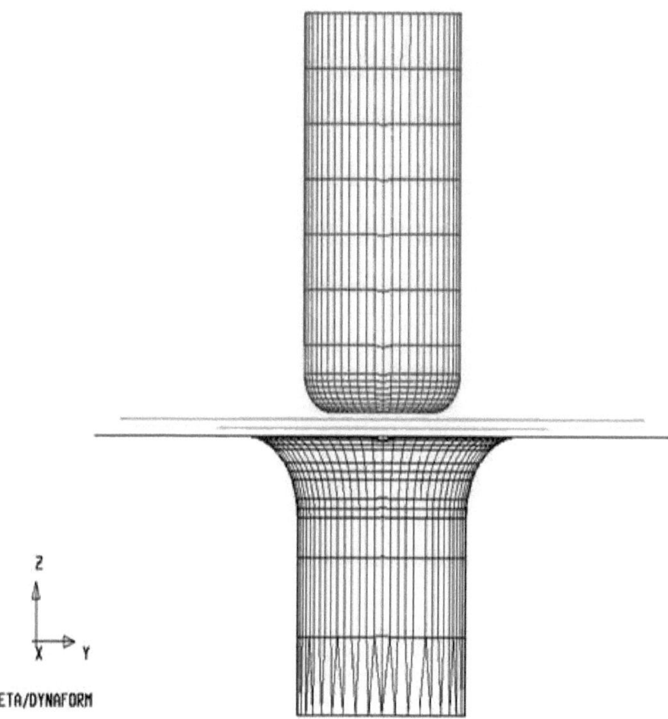

Fig 11: Discretização das ferramentas no pré-processador do LS-DYNA

Temperatura	Massa densidade	Endurecimento Módulo (Mpa)	Razão R R_0	de deformação 45 $R9_0$	Rendimento resistência
Sala2	.7*10-9	500.2410	.3590	.	46834
2002.7*10-9		450.2090	.	650.	41830
3502	.7*10-9	80isotrópico	Isotrópico	isotrópico	25

Tabela 1: Propriedades mecânicas do material a várias temperaturas

MATERIAL	COMPOSIÇÃO
Si	0.79
Cu	0.008
Mg	0.21
Ni	0.25
Ti	0.056
Fe	0.74
Mn	0.15
Zn	0.087
Cr	0.013
Al	Descanso

Tabela 2: Composição do material

O índice de sensibilidade à taxa de deformação está associado à alteração da assistência térmica ao movimento de deslocação. Normalmente, ao aumentar a temperatura do material, a intensidade da floresta de deslocação diminui. Este facto aumenta o valor de 'm'. Na presente investigação, os valores do índice de sensibilidade são calculados através do ensaio de salto. Neste ensaio, a velocidade da cruzeta foi aumentada de 1 mm/min para 10

mm/min e o ensaio de salto efectuado a 350^0 C são apresentados na Fig.7. O valor de 'm' é então calculado por:

$$m = \frac{\ln(p2/p1)}{\ln(v2/v1)}$$

Em que P1 e P2 são as cargas antes e depois do salto e V1 e V2 são as velocidades da cruzeta antes e depois do salto. Foram efectuados três ensaios e calculado o valor médio do índice de sensibilidade. A variação do índice de sensibilidade (m) em função da temperatura é apresentada na Tabela. Estes ensaios foram efectuados na região plástica onde as curvas tensão-deformação são uniformes. Observa-se na Tabela 3 que, ao aumentar a temperatura do provete, há um aumento do valor de 'm' devido ao aumento da plasticidade do material.

Temperatura	Quarto	2000C	3500C
Índice de sensibilidade	0.0075	0.0165	0.0414

Tabela 3: Índice de sensibilidade do material a várias temperaturas

5.3 Modelos de materiais:

Durante a caraterização do material, observou-se que, até 200 °C, o material apresenta pequenas regiões de endurecimento por trabalho e existe também alguma anisotropia relacionada com o material (tabela 3), pelo que, durante a simulação à temperatura ambiente e a 200 °C, foi utilizado um modelo plástico elástico transversalmente anisotrópico para simular o processo e também para calcular o atrito no processo de estampagem profunda.

Este modelo de plasticidade totalmente iterativo está disponível apenas para elementos de casca. Os parâmetros de entrada para este modelo são: O módulo de Young E; o coeficiente de Poisson *v*; a tensão de cedência; o módulo tangente E_t; e o parâmetro de endurecimento anisotrópico R.

Considerar eixos cartesianos de referência paralelos aos três planos de simetria do comportamento anisotrópico. Então a função de cedência sugerida por Hill [1948] pode ser escrita

$$F(\sigma_{yy}-\sigma_{zz})^2+G(\sigma_{zz}-\sigma_{xx})^2+H(\sigma_{xx}-\sigma_{yy})^2$$

$$+2L\sigma_{yz}^2+2M\sigma_{zx}^2+2N\sigma_{xy}^2-1=0$$

Em que: σ_{ox}, σ_{oy} e σ_{ox} são as tensões de cedência de tração e σ_{xy}, σ_{yz} e σ_{zx}; são as tensões de cedência de corte $F=G=H=\frac{1}{2\sigma_0^2}$ é também a tensão de escoamento média se o material apresentar algumas características de endurecimento por trabalho. As constantes *F, G, H, L, M* e *N* estão relacionadas com a tensão de cedência por

$$2L=\frac{1}{\sigma_{yz}^2}$$

$$2M=\frac{1}{\sigma_{zx}^2}$$

$$2N=\frac{1}{\sigma_{xy}^2}$$

$$2F=\frac{1}{\sigma_{oy}^2}+\frac{1}{\sigma_{oz}^2}-\frac{1}{\sigma_{ox}^2}$$

$$2G=\frac{1}{\sigma_{oz}^2}+\frac{1}{\sigma_{ox}^2}-\frac{1}{\sigma_{oy}^2}$$

$$2H = \frac{1}{\sigma_{ox}^2} + \frac{1}{\sigma_{oy}^2} - \frac{1}{\sigma_{oz}^2}$$

O caso isotrópico da plasticidade de Von Mises pode ser recuperado definindo

$$F = G = H = \frac{1}{2\sigma_o^2}$$

$$L = M = N = \frac{1}{2\sigma_o^2}$$

Para o caso particular da anisotropia transversal, em que as propriedades não variam no plano x- y

$$2F = 2G = \frac{1}{2\sigma_{oz}^2}$$

$$2H = \frac{2}{\sigma_o^2} - \frac{1}{\sigma_{oz}^2}$$

$$N = \frac{2}{\sigma_o^2} - \frac{1}{2\sigma_{oz}^2}$$

Nos casos em que se partiu do princípio de que $K = \frac{\sigma_o}{\sigma_{o3}}$

Deixando $K = \frac{\sigma_o}{\sigma_{o3}}$, o critério de rendimento pode ser escrito

$$F(\sigma) = \sigma_e = \sigma_y$$

$$F(\sigma) = [\sigma_{xx}^2 + \sigma_{yy}^2 + K^2\sigma_{zz}^2 - K^2\sigma_{zz}^2(\sigma_{xx} + \sigma_{yy}) - (2 - K^2)\sigma_{xx}\sigma_{yy}$$

$$+2L\sigma_y^2(\sigma_{yz}^2 + \sigma_{zx}^2) + 2\{2 - \frac{1}{2}K^2\}\sigma_{xy}^2]^{\frac{1}{2}}$$

A taxa de deformação plástica é assumida como sendo normal à superfície de cedência, pelo que é encontrada a partir de

$$\dot{\varepsilon}_{ij}^p = \lambda \frac{\partial F}{\partial \sigma_{ij}}$$

N6w considerar o caso de tensão plana, em que $\sigma_{zz} = 0$. Definir também a entrada de anisotropia parâmetro R como o rácio entre a taxa de deformação plástica no plano e a taxa de deformação plástica fora do plano:

$$R = \frac{\dot{\varepsilon}^p_{22}}{\dot{\varepsilon}^p_{33}}$$

Segue-se que

$$R = \frac{2}{K^2} - 1$$

Utilizando a hipótese de tensão plana e a definição de R, a função de cedência pode agora ser escrita

$$F(\sigma) = [\sigma_{xx}^2 + \sigma_{yy}^2 - \frac{2R}{R+1}\sigma_{xx}\sigma_{yy} + 2\frac{2R+1}{R+1}\sigma_{xy}^2]^{\frac{1}{2}}$$

Utilizando este modelo de material, verificou-se que havia previsões exactas de LDR através de simulações tanto à temperatura ambiente como a 200 °C.

A 350 °C, este material apresenta uma caraterística plástica elástica no diagrama tensão-deformação. Assim, para modelar o processo de estampagem profunda a esta temperatura, foi utilizado o modelo plástico isotrópico-elástico.

A condição de rendimento de Von Mises é dada por:

$$\phi = J_2 - \frac{\sigma_y^2}{3}$$

Em que o segundo invariante de tensão, J2, é definido em termos das componentes de tensão desviadoras como

$$J_2 = \frac{1}{2} S_{ij} S_{ij}$$

E a tensão de cedência, σ_y, é uma função da deformação plástica efectiva e do módulo de endurecimento plástico,

$$\sigma_y = \sigma_o + E_p \varepsilon^p_{eff}$$

A deformação plástica efectiva é definida como:

$$\varepsilon^p_{eff} = \int_0^t d\varepsilon^p_{eff}$$

Onde $d\varepsilon_{eff}^{p} = \sqrt{\frac{2}{3} d\varepsilon_{ij}^{p} d\varepsilon_{ij}^{p}}$

E o módulo tangente plástico é definido em termos do módulo tangente de entrada, E_t, como

$$E_P = \frac{EE_t}{E - E_t}$$

A pressão é dada pela expressão

$$p^{n+1} = K(\frac{1}{V^{n+1}} - 1)$$

Onde K é o módulo de massa. Utilizando este modelo, a LDR a 350 °C foi prevista com grande exatidão.

5.4 Atrito:

No estiramento profundo, o atrito mais severo ocorre na área do flange. A lubrificação na área da flange influencia o afinamento e, possivelmente, a falha da parede lateral do copo estirado. No presente estudo, a relação de estiragem (diâmetro da peça em bruto/diâmetro do punção) foi selecionada como sendo de 2,0. Para a experimentação, foram preparados materiais com peças em bruto arredondadas de 60 mm de diâmetro e 1 mm de espessura. Estas peças foram introduzidas em copos à temperatura ambiente, a 200^0 C e a 350^0 C e as suas curvas de punção-deslocamento foram registadas utilizando o sistema de aquisição de dados. Uma vez que a tendência para a aderência da peça em bruto devido ao atrito aumenta com o aumento da temperatura, especialmente no caso do alumínio, esta tendência é muito elevada, pelo que é utilizado um lubrificante à base de Mo, Molycote, entre a peça em bruto e a ferramenta a diferentes temperaturas.

Os investigadores [18-21] referem que a análise explícita pode ser acelerada aumentando a velocidade do processo, por exemplo, aumentando a velocidade do punção na estampagem ou a taxa de pressurização numa operação de enformação hidromecânica, o que se designa por técnica de escalonamento do tempo. Na presente investigação, as simulações foram efectuadas variando a velocidade do punção, mantendo os outros parâmetros iguais. A força de retenção da peça em bruto e o diâmetro da peça em bruto foram utilizados nas experiências. O autor [6] estabeleceu, a partir de simulações, que a velocidade do punção durante as simulações afecta os cálculos de carga. Taylan

Altan [21] refere que os testes devem ser efectuados tendo em conta as condições reais de produção em termos de velocidade do cilindro e de força de retenção da peça em bruto.

Na presente investigação, as simulações foram efectuadas variando a velocidade do punção e mantendo os outros parâmetros iguais. A força de retenção da peça em bruto e o diâmetro da peça em bruto foram considerados como utilizados nas experiências. A velocidade do cilindro utilizada na experiência foi de 5 mm/seg. Depois de fornecer todas as propriedades do material ao código, como UTS, YS, coeficiente de resistência, expoente de endurecimento por deformação e anisotropias em três direcções diferentes, num processador dual core de 2,2 GHz com 4 GB de RAM, uma simulação demorou cerca de 26 horas com um deslocamento do punção de 30 mm e a escrita de 100 estados de traçado. O gráfico da carga do punção Vs deslocamento das experiências foi sobreposto com simulações a diferentes coeficientes de fricção à temperatura ambiente, 200^0 C e a 350^0 C são apresentados na Fig. 12-14 respetivamente. A pequena flutuação no gráfico carga Vs deslocamento observada na simulação deve-se à oscilação dos nós [21] em contacto com o punção. O coeficiente de atrito sob as condições de enformação é calculado seleccionando o gráfico apropriado produzido pela simulação, que dá uma boa correspondência com a força máxima do punção e a tendência geral. Pode observar-se que, à temperatura ambiente, o coeficiente de atrito entre as matrizes de alumínio e de Inconel é de 0,1 (Fig. 12). A 200^0 C, nas condições de trefilação com lubrificante Molycote, o coeficiente de atrito entre a peça em bruto e as matrizes é de 0,05 (Fig. 13) e a 350^0 C é de 0,06 (Fig. 14). Embora o valor do coeficiente de atrito aumente com o aumento da temperatura, a eficácia do lubrificante utilizado na presente operação de estampagem profunda depende da temperatura. O Molycote é um lubrificante muito eficaz a temperaturas elevadas. Estes valores de atrito foram utilizados em simulações posteriores para identificar a espessura e a distribuição de tensões no copo estirado.

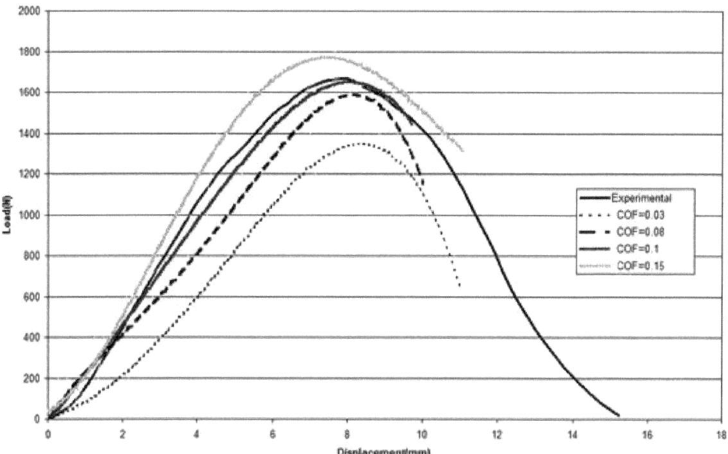

Fig 11 A comparison of punch load Vs displacement diagram from the simulation at different coefficient of friction and from experiments at room temperature.

Fig. 12: Comparação do diagrama carga de perfuração Vs deslocamento da simulação com diferentes coeficientes de atrito e das experiências à temperatura ambiente.

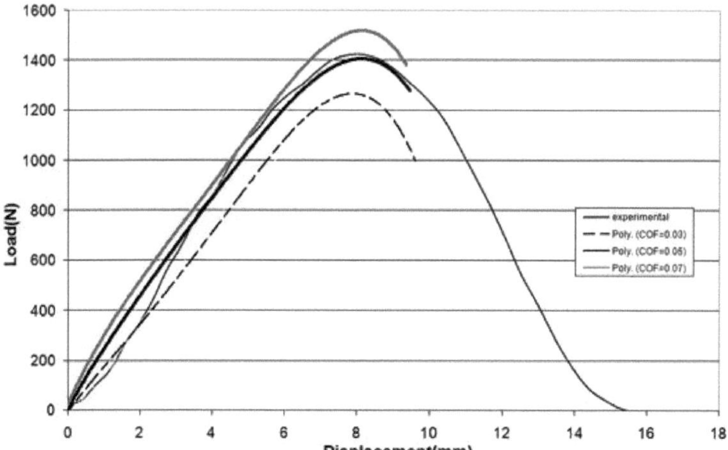

Fig. 12 A comparison of punch load Vs displacement diagram from the simulation at different coefficient of friction and from experiments at200 C.

Fig. 13: Comparação do diagrama carga de perfuração Vs deslocamento da simulação com diferentes coeficientes de atrito e das experiências a 200^0 C.

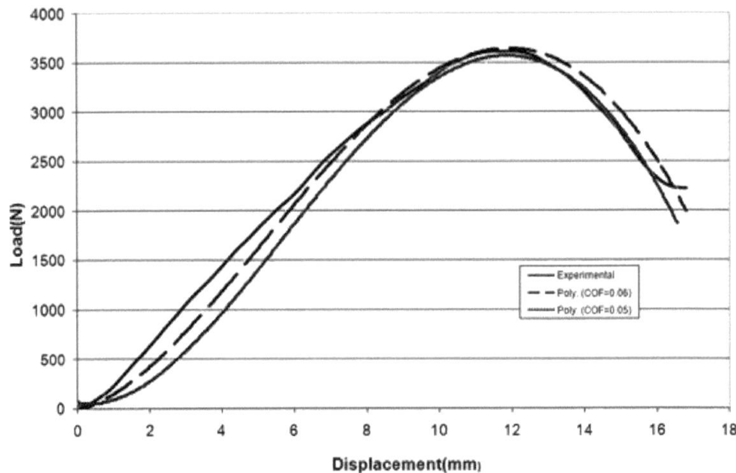

Fig 13. A comparison of punch load Vs displacement diagram from the simulation at different coefficient of friction and from experiments at 350 C.

Fig. 14: Comparação do diagrama carga de perfuração Vs deslocamento da simulação com diferentes coeficientes de atrito e das experiências a 350^0 C.

5.5 Espessura e distribuição de tensões:

Como esperado, pode observar-se a partir destas figuras que, à medida que o rácio de tração aumenta, há um aumento da extensão do estrangulamento no canto do punção do copo traccionado (Fig. 15).

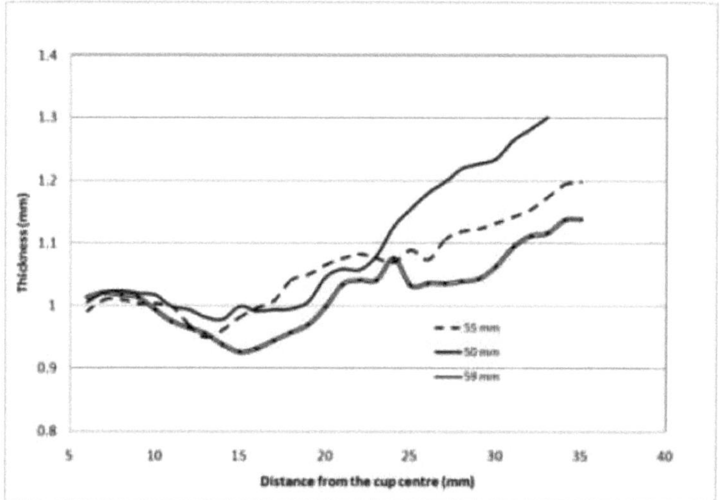

Fig 14 Thickness distribution in the drawn cup at room temperature for various diameters of blank.

Fig. 15: Distribuição da espessura no copo estirado à temperatura ambiente para vários diâmetros da peça em bruto.

Também se pode ver que, à medida que a temperatura aumenta, há uma espessura mais uniforme no copo estirado devido a tensões de fluxo médias mais baixas (Fig. 16). Pode observar-se na Fig. 14 que, a LDR (diâmetro do bloco = 73), os copos podem ser estirados até uma espessura de 0,84 mm, mas tal não é possível à temperatura ambiente (Fig. 15).

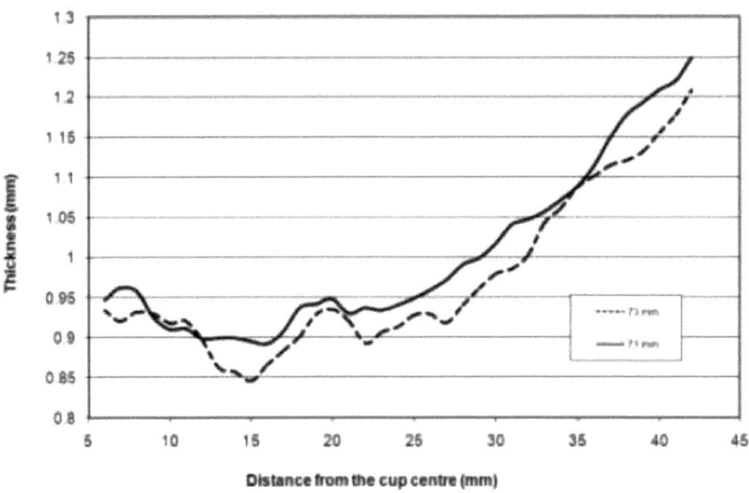

Fig. 16: Distribuição da espessura no copo estirado a 350⁰ C para vários diâmetros do molde.

Também como indicado na Fig. 17, para a mesma relação de tração de 59 mm, a extensão do estrangulamento diminui a temperaturas mais elevadas. Isto deve-se ao facto de serem necessárias cargas menores para deformar o material devido à diminuição da tensão de escoamento média e, a 350⁰ C, a espessura do copo é muito uniforme pela mesma razão.

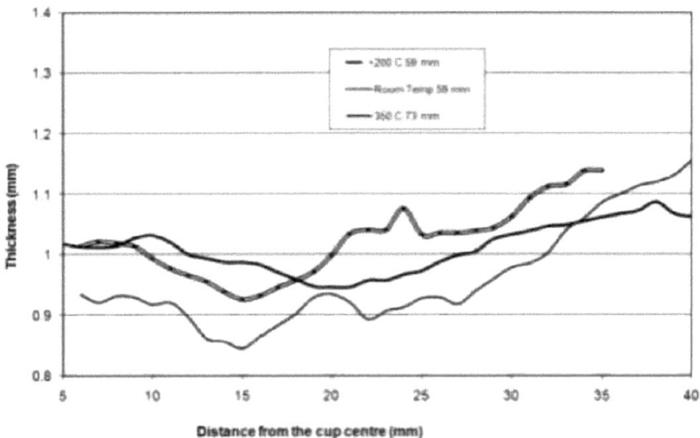

Fig 17: Distribuição da espessura a uma temperatura variável na taça estirada.

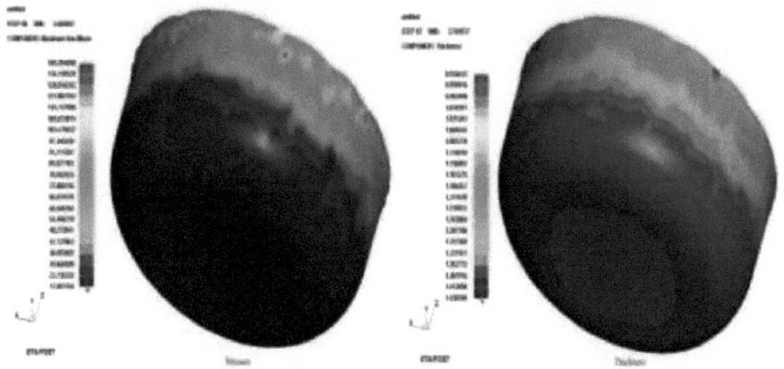

Fig. 18: Espessura e contornos de Von-Mises de copos estirados à temperatura ambiente para um diâmetro de 50 mm do bloco.

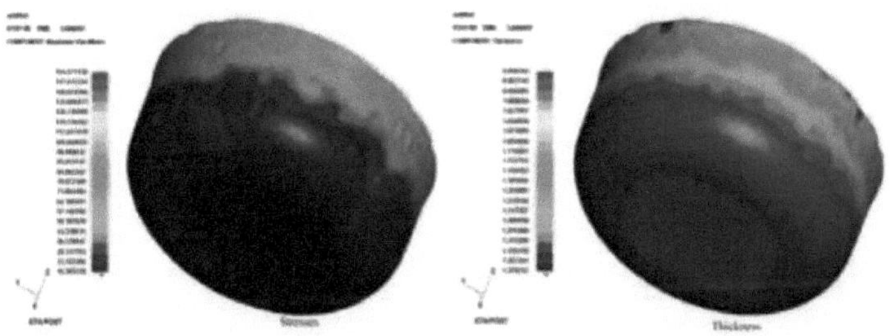

Fig 19: Espessura e contornos de Von-Mises de copos estirados a 200^0 C para um diâmetro de 50 mm de peça bruta.

As Figs 18-20 são os contornos da espessura e da tensão de Von-Mises do copo estirado à temperatura ambiente, 200^0 C e 350^0 C, respetivamente. Para a temperatura ambiente e para a temperatura de 200^0 C, o diâmetro da peça em bruto é o mesmo e pode observar-se a partir dos contornos da espessura que a distribuição da espessura corresponde à dos valores experimentais (Fig. 15 e 17). As tensões de Von-Mises à temperatura ambiente variam heterogeneamente de 17,6 MPa na parte inferior a 91 MPa na região da parede superior. É de notar que, se a peça for sujeita a uma carga de fadiga, se houver uma distribuição heterogénea das tensões, falhará prematuramente. Como esperado, a 200^0 C as tensões médias no copo diminuíram. Na região do canto inferior e do punção, as tensões são de 15,4 MPa e, em direção à parede, as tensões variam até 71 MPa.

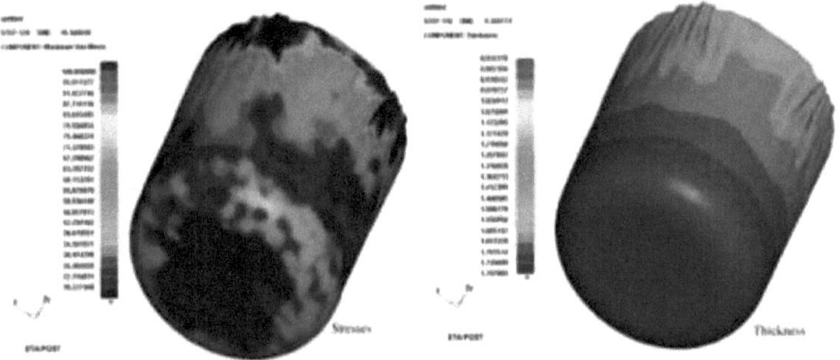

Fig. 20: Espessura e contornos de Von-Mises de copos estirados a 350^0 C para um diâmetro de 50 mm do bloco

A 350^0 C, o diâmetro da simulação foi de 73 mm. Pode observar-se que, no canto do punção, a espessura é de 0,8 mm, o que corresponde às experiências. A distribuição da espessura também coincide com as experiências. A distribuição das tensões de Von-Mises a 350^0 C mostra que existe uma ligeira variação na tensão a partir do fundo do copo em direção à parede. Como já foi referido, as ligas de Al têm geralmente uma formabilidade muito fraca e, mesmo quando são estiradas à temperatura ambiente, apresentam grandes variações no nível de tensão. No entanto, quando são estiradas a temperaturas mais elevadas, não só se verifica um aumento do LDR como também se reduz o nível de tensão no copo estirado. Para além de 350^0 C, não se espera que este material apresente um aumento do LDR, porque, devido à ductilidade excessiva, o material entra em rutura no início da estiragem. Assim, para uma liga IS 737 Al- comercial, a temperatura óptima de estampagem profunda é 350^0 C.

CAPÍTULO-6

CONCLUSÕES

O processo de estampagem profunda a quente é um processo muito atrativo para chapas metálicas. As principais vantagens deste processo são a elevada capacidade de estiragem (maior rácio de estiragem limite), o atrito reduzido, as tensões residuais mais baixas no copo de estiragem, etc., que resultam numa melhor qualidade do produto e numa maior produtividade. Este processo tem um grande potencial para ser utilizado nas indústrias para produzir diferentes tipos de componentes. Pode ser alargado a muitos outros produtos e tem um futuro próspero. É um desafio para os investigadores melhorar ainda mais os benefícios deste processo através do estudo dos diferentes parâmetros do processo. As considerações de design envolvidas no processo foram discutidas e a investigação preliminar mostrou que, para a liga de Al comercial, houve uma melhoria drástica na capacidade de desenho. Também foi observado por experiências que há uma redução drástica na necessidade de carga durante o desenho devido à diminuição das tensões de fluxo. Embora não só se verifique uma distribuição mais uniforme da espessura nos copos trefilados, como também as tensões de Von-Mises efectivas no copo trefilado sejam menores a temperaturas mais elevadas

REFERÊNCIAS

1. Bolt, P.J., Lamboo, N.A.P.M., Rozier, P.J.C.M., 2001, "Feasibility of warm drawing of Al products", Journal of Material Processing Technology, vol. 115, pp118-121.

2. Lee, Y.S., Kim, M.C., Kim, S.W., Kwon, Y.N., Choi, S.W., Lee, J.H., 2007, "Experimental and analysis for forming limit of AZ31 alloy on warm sheet metal forming", Journal of Material Processing Technology, Vol. 187-188, pp103-107

3. Agnew, S.R., Duygulu, O., 2005, "Plastic anisotropy and the role of non-basal slip in Magnesium alloy AZ31B", International Journal of Plasticity, vol. 21, pp 1161-1193

4. Swadesh Kumar Singh e D. Ravi Kumar (2008), "Effect of Process Parameters on Product Surface Finish and Thickness Variation in Hydro-mechanical Deep Drawing" Journal of Materials Processing Technology Volume 204, Issues 1-3 pp 169-178.

5. Swadesh Kumar Singh, Amit Kumar Gupta e K. Mahesh(2010), "A study on the extent of ironing of EDD steel at elevated temperature" CIRP Journal of manufacturing Science and Technology Vol. 3, Issue 1, pp 73-79.

6. Swadesh Kumar Singh, M. Swathi, Apurv Kumar e K. Mahesh (2010), "Understanding formability of EDD steel at elevated temperatures using finite element simulation" Materials and Design Vol. 31, pp 4478-4484.

7. Swadesh Kumar Singh, Amit Kumar Gupta e K. Mahesh (2010), "Prediction of mechanical properties of extra deep drawn steel in blue brittle region using Artificial Neural Network" Materials and Design, Vol. 31, pp 2288-2295.

8. Swadesh Kumar Singh (2010), "Development of ANN Model And Study The Effect of Temperature on Strain Ratio and Sensitivity Index of EDD Steel" International Journal of Material Forming, Vol 3, pp 256 - 266.

9. Ghosh, S., Kikuchi, N., 1988, "Finite element formulation for simulation of hot sheet metal forming process", International Journal of Engineering Sciences, vol. 26 (2), pp 143-161.

10. Iseki, H., Naganawa, T., 2002, "Vertical wall surface forming of retangular shell using multistage incremental forming with spherical and cylindrical rollers", Journal of Material Processing Technology, vol. 130-131, pp 675-679.

11. Droder. k., 1999, "Analysis on forming of thin magnesium sheets", Dissertação de Doutoramento, IFUM, Universidade de Hanover, (em alemão).

12. Serkan Toros, Fahrettin Ozturk e Ilyas Kacar,2008, "Review of warm forming of Al-Mg alloys", Journal of Material Processing Technology Vol.207,Issue 1-3, pp1-12

13. Li Daoming, Amit Ghosh, 2003, "Tensile deformation behavior of aluminum alloys at warm forming temperatures", Materials Science and Engineering A, Vol. 352, Issues 1-2, pp 279286.

14. Li Daoming, Amit Ghosh, 2004, "Biaxial warm forming behaviour of aluminium sheet alloy", Materials Processing Technology, Vol. 145, Issues 3, pp 281-293

15. Patrick A. Tebbe, Ghassan T. Kridli, "Warm forming of aluminium alloys: an overview and future directions", Departamento de Engenharia, The College of New Jersey, Ewing, NJ, EUA International Journal of Materials and Product Technology 2004 - Vol. 21, No.1/2/3 pp. 24 - 40

16. P. Cavaliere Journal of lightmetals 2002 vol.2(no.4)

17. O.-G. Lademo, T. Berstad , T. Furu e O.S. Hopperstad "An experimental and numerical study on the formability of textured AlZnMg alloys," European Jounal of Mechanics- A/Solids Volume 27,Issue 2, March-April 2008,Pages 116-140.

18. W.J. Chung, J.W. Cho, T. Belytschko, Sobre os efeitos dinâmicos do MEF explícito na análise da conformação de chapas metálicas, Eng. Comput. 15 (1998) 750-776.

19. J. Kim, Y.H. Kang, H.H. Choi, S.M. Hwang, B.S. Kang, "Comparação de métodos de elementos finitos implícitos e explícitos para o processo de hidroformação de um braço inferior de automóvel", Int. J. Adv. Manuf. Technol. 20 (2002) 407-413.

20. J. Kim, B.M. Son, B.S. Kang, S.M. Hwang , H.J. Park, "Comparison stamping and hydromechanical forming process for an automobile fuel tank using finite element method", Journal of Material Processing Technology, 153-154 (2004) 550-557.

21. Hyunok Kim, Ji Hyun Sung, Rajesh Sivakumar, Taylan Altan, "Evaluation of stamping lubricants using the deep drawing test", International Journal of Machine Tools & Manufacture 47 (2007) 2120-2132.

22. Chino, Y., Saasa, K., Kamiya, A., Mabuchi, M., "Enhanced formability at elevated temperature of a cross-rolled magnesium alloy sheet", Materials Science and Engineering A 441 (2006) 349-356.

23. Chino, Y., Iwasaki, H., Mabuchi, M., "Stretch formability of AZ31 Mg alloy sheets at different testing temperatures", Materials Science and Engineering A, no prelo.

24. Hallquist J. O, "Dynaform Manual", v1.01, 1998.

25. Naka Tetsuo, Takeshi Uemori, Ryutaro Hino, Masahide Kohzu, Kenji Higashi, Fusahito Yoshida, "Effects of strain rate, temperature and sheet thickness on yield locus of AZ31 magnesium alloy sheet", Journal of Materials Processing Technology 201(Issues 1-3) (26 de maio de 2008) 395-400.

26. Taylan Altan, Hyunok Kim, Ji Hyun Sung, Rajesh Sivakumar, "Evaluation of stamping lubricants using the deep drawing test", International Journal of Machine Tools & Manufacture 47 (2007) 2120-2132.

27. Zhang, K.F., Yin, D.L., Wu, D.Z., "Formability of AZ31 Mg alloy sheets at warm working conditions", International Journal of Machine Tools and Manufacture 46 (2006) 1276-1280.

Printed by Books on Demand GmbH, Norderstedt / Germany